Coelho

A Editora Nobel tem como objetivo publicar obras com qualidade editorial e gráfica, consistência de informações, confiabilidade de tradução, clareza de texto, e impressão, acabamento e papel adequados.
Para que você, nosso leitor, possa expressar suas sugestões, dúvidas, críticas e eventuais reclamações, a Nobel mantém aberto um canal de comunicação.

Entre em contato com:
CENTRAL DE ATENDIMENTO AO CONSUMIDOR
R. Pedroso Alvarenga, 1046 – 9º andar – 04531-004 – São Paulo – SP
Fone: (11) 3706-1466 – Fax: (11) 3706-1462
www.editoranobel.com.br
E-mail: ednobel@editoranobel.com.br

Irineu Fabichak

Coelho

Criação caseira

Edição revista

© 1982 de Irineu Fabichak

Direitos desta edição reservados à
AMPUB Comercial Ltda.
(Nobel é um selo editorial da AMPUB Comercial Ltda.)
Rua Pedroso Alvarenga, 1046 – 9º andar – 04531-004 – São Paulo – SP
Fone (11) 3706-1466 – Fax (11) 3706-1462
e-mail: ednobel@editoranobel.com.br
internet: www.editoranobel.com.br

Coordenação editorial: Maria Elisa Bifano
Revisão: Denise Katchuian Dognini
Produção gráfica: Vivian Valli
Composição: FA Fábrica de Comunicação
Ilustração: José Yuji Kuribayashi
Capa: Vivian Valli
Foto de capa: Getty Images
Impressão: PROL Editora Gráfica Ltda.

Publicado em 2005

Dados Internacionais de Catalogação na Publicação (CIP)
(Câmara Brasileira do Livro, SP, Brasil)

Fabichak, Irineu, 1923-
    Coelho : criação caseira / Irineu Fabichak. São Paulo : Nobel — edição revista
—, 2004.

    ISBN 85-213-1283-0

    1. Coelhos – Criação 2. Coelhos – Doenças I. Título.

82-0502   CDD-636.9322
                                                   -636.932220896

Índices para catálogo sistemático:

1. Coelhos : Criação 636.9322
2. Coelhos : Doenças : Medicina veterinária 636.932220896
3. Cunicultura 636.9322

É PROIBIDA A REPRODUÇÃO

Nenhuma parte desta obra poderá ser reproduzida, copiada, transcrita ou mesmo transmitida por meios eletrônicos ou gravações, sem a permissão, por escrito, do editor. Os infratores serão punidos pela Lei nº 9.610/98.

Impresso no Brasil/*Printed in Brazil*

Para
Luigi Zamboni,
com os cumprimentos do autor.

Apresentação

O coelho, por ser um dos animais domésticos mais prolíferos e de gestação curta, apresenta grandes vantagens em sua criação.

Por isso, preenche uma enorme lacuna no cenário da alimentação humana, devido a sua saborosa carne, que pode ser preparada de várias maneiras.

O valor alimentício da carne de coelho é quase o dobro do da carne de vaca e superior à do frango ou de porco, e ainda contribui para aliviar a taxa de colesterol.

Do coelho aproveitam-se dois terços do peso total; além disso, aproveitam-se as peles, alcançando boa reputação na comercialização.

O espaço necessário para a criação de coelhos, em relação àquilo que eles nos podem fornecer, é muito pequeno; daí uma grande razão para se pôr em prática esta atividade bem compensadora.

Na Europa e nos Estados Unidos a cunicultura é uma atividade desenvolvida em grande escala pois, com os alimentos que muitas vezes são desperdiçados, o coelho transforma-se em carne saborosa, a curto prazo.

É por esses motivos que nos propusemos a elaborar este livrinho bem simples, objetivo e claro, destinado àqueles que desejam iniciar esta atividade, sem prejudicar seus afazeres normais, e, o que é mais belo, lidar com animais meigos e mansos, — nossos amigos — os coelhos.

O autor.

Sumário

Origem do coelho	11
Escolha das raças	15
Saiba escolher os reprodutores	17
Coelhário	23
Coelheiras	29
Como construir a coelheira	32
Coelheiras de dois andares	38
Coelheiras rústicas	40
Criação improvisada	44
Manjedoura	46
Proteção aos coelhos	48
Ninho na coelheira	50
Desmama dos coelhinhos	54
Desinfecção das coelheiras	56

Alimentos para coelhos	58
Como segurar o coelho	62
Inimigos do coelho	64
Cuidados com os láparos	65
Secador de forragens verdes	68
Bebedouro e comedouro	70
Medicamentos	74
Esterco do coelho	75
Transporte do coelho	77
Doenças	78
Abate do coelho	82
Esfola	83
Regras gerais para sucesso na criação de coelhos	84

Origem do coelho

A origem do coelho doméstico ainda é muito controvertida, pois, enquanto alguns afirmam ser o sul da Espanha, outros dizem que é a Europa, a Inglaterra e até mesmo a Austrália. Porém, ao escrever para aqueles que desejam iniciar uma criação doméstica de coelhos, dando as orientações necessárias para que obtenham sucesso nesse empreendimento, não vamos aprofundar-nos nesse pormenor.

Na Austrália, os coelhos selvagens foram uma verdadeira praga, principalmente para a agricultura. O governo foi obrigado a tomar medidas extremas para torná-los menos prejudiciais, com matança por envenenamento.

O coelho doméstico deriva do coelho selvagem; muitos cruzamentos, ambientes diferentes, alimentação e outros fatores ajudaram a desenvolver a espécie. Porém, passados todos esses anos, se for colocado num terreiro, o coelho doméstico ainda herda os costumes de seus antepassados, cavando galerias subterrâneas a fim de se aninhar, bem como ter a vida noturna mais intensa.

A nossa lebre é diferente do coelho doméstico ou mesmo do selvagem, pois seus hábitos são bem diferentes: faz seu ninho nas capoeiras e sua cria nunca passa de 4 ou

5 filhotes, enquanto que o coelho doméstico chega a ter até 17 láparos em uma única cria.

Atualmente existem mais de 40 raças de coelhos em todo o mundo, chegando algumas delas a ultrapassar o peso de nove quilos, nas chamadas raças pesadas, enquanto as

Fig. 1 – Fêmea borboleta francesa

médias são aquelas que atingem cinco quilos e as leves não chegam a ultrapassar dois quilos e meio.

O coelho é um dos animais domésticos que mais rapidamente prolifera, pois sua gestação é de 30 dias, dando cria de 4 a 14 láparos. O sucesso de uma criação racional de coelhos depende muito dos reprodutores, os quais deverão ser bem selecionados, para fornecer aquilo que se espera deles. Sua conformação fisiológica deverá ser perfeita sob todos os pontos de vista, livre de qualquer tipo de doença, boa alimentação com proteínas, higiene e água sempre fresca e limpa.

Dos pequenos animais domésticos, o coelho é o que mais se presta para criação em qualquer sítio, fazenda, chácara ou mesmo em um quintal razoável. Uma criação caseira de coelhos não ocupa muito espaço e, acima de tudo, são eles que irão aproveitar tudo que sobra de uma horta ou mesmo da cozinha, exceto comidas gordurosas. Quase tudo que existe dentro de uma horta serve de alimento para o coelho, mas é natural que é preciso também fornecer-lhe ração equilibrada, a fim de supri-lo das proteínas de que carece para seu desenvolvimento, como também para evitar muitas doenças que poderia contrair, por insuficiência alimentar.

Portanto, um pequeno galpão, ou mesmo uma cobertura que se faça para tal fim, seria o ideal para se colocarem as coelheiras. O coelho não pode tomar sol direto, principalmente aquele do meio dia. No verão pode-se notar que sua pulsação é mais acelerada do que no inverno.

Um abrigo para instalação das coelheiras ao ar livre também pode ser feito entre árvores, o que favorece muito, mas é preciso notar que as aberturas nunca devem ficar para o sul. Geralmente as coelheiras são constituídas de quatro lados, devendo três deles ser fechados e uma parte apenas receber tela para maior ventilação e aeração.

As coelheiras também não devem tomar chuva na parte interna e, quando construídas ao relento, convém que se faça uma espécie de cortina, com saco plástico ou qualquer outro material semelhante, pregando-se na parte que fica embaixo duas ripas com o plástico no meio, e durante a noite ou mesmo nos dias chuvosos a mesma deve ser baixada, evitando-se desta maneira o frio e a chuva.

Mesmo em galpões fechados com tela costuma-se fazer uma cortina de sacos de aniagem ou mesmo plástico para serem arriadas durante as ventanias ou em dias de muito frio. Se o plástico for claro, o ambiente fica com boa claridade, mesmo que totalmente tapado, mas é preciso não esquecer da ventilação.

As coelheiras também são fáceis de serem construídas, pois para isso basta serrote e um martelo, pregos e restos de madeira, que, quando bem aproveitados, permitem bom acabamento. A madeira é um dos materiais mais fáceis de serem usados para construção, e seu tempo de duração, de acordo com o lugar em que as coelheiras estejam instaladas, pode ultrapassar cinco anos.

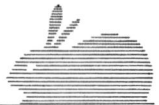

Escolha das raças

Quem vai iniciar uma criação de coelhos, deve convergir o pensamento para os seguintes pontos: a que se destina a criação; se é para consumo próprio; para carne; exploração da pele, reprodutores, laboratório; exposição; ou produção de pêlos.

Para cada tipo de exploração, uma raça deve ser escolhida entre as inúmeras que existem, pois cada qual tem a sua peculiaridade.

Existem também as raças mistas que servem tanto para a carne, como para pele, bem como para carne e pêlo e assim sucessivamente. Muito importante é selecionar uma raça e seguir com ela até obter os resultados esperados.

O aprimoramento da raça é um fator importantíssimo, principalmente nos acasalamentos, a fim de não degenerar a criação. Por isso, são muito importantes as gaiolas individuais, porque elas facilitam o controle e o manejo, principalmente quando se procede aos acasalamentos.

Se um dos intuitos do criador de coelhos é explorar a venda de peles, o mais interessante é criar raças brancas, pois têm maior valor no mercado consumidor.

Para orientação, bem como escolha da raça de coelhos que se deseja explorar, como lazer ou mesmo para consumo, listamos abaixo algumas raças e suas finalidades:

Fig. 2 – Lote de coelhos jovens de várias raças do tipo mediano

Coelhos para carne	Coelhos para pele	Coelhos para pêlo
Comum	Champagne	
Gigante de Flandres	Russo	Angorá
Azul de Viena	Negro Fogo	Sibéria
Holandês	Chinchila	
Califórnia	Havana	
Nova Zelândia	Castor Rex	

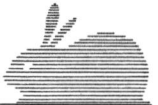

Saiba escolher os reprodutores

Um dos fatores mais importantes na criação de coelhos é, sem dúvida, o início com bons reprodutores. Tanto o macho como a fêmea devem apresentar aspecto bastante sadio, sem defeitos físicos, porte elegante, demonstrando saúde e vitalidade. Um bom observador, logo à primeira vista, notará que o animal é sadio pela sua desenvoltura, mansidão, olhos vivos e peso compatível com sua raça.

A duração da vida do coelho é em média de 20 anos, mas não será bom reprodutor após os seis anos. A coelha de raça média pode ser coberta pelo macho desde os sete meses; já para a raça gigante o mais indicado é dos nove meses até quatro anos de idade.

A duração da gestação do coelho é uma das mais rápidas em animais domésticos: de 30 a 31 dias.

Quando nascem, os láparos, permanecem com os olhos fechados até o 10º ou 11º dia, sem pêlos, que aparecem no 4º dia, recebendo o aleitamento materno bem rigoroso até os 15 ou 20 dias. Após o 20º dia de vida, os coelhinhos começam a procurar outros alimentos, acompanhando a mãe, além de continuarem a receber o leite materno. Desta idade em diante, já começam a se familiarizar com outros tipos de alimentos, e crescem rapidamente.

Fig. 3 – Macho branco Nova Zelândia

Os coelhinhos devem permanecer com a coelha por 45 a 50 dias, até que atinjam o tamanho ideal de acordo com a raça a que pertencem. No meio de uma ninhada existem sempre alguns que se desenvolvem menos do que os outros, devido a dificuldade de aleitamento em ninhadas com número de láparos superior ao número de mamas da coelha. Uma ninhada ideal é de 8 exemplares.

Na criação de coelhos deve-se evitar a consangüinidade, isto é, os cruzamentos entre exemplares de parentesco muito próximo, como entre irmãos, os pais com filhas, mães com filhos etc.

Por esses motivos, a criação realizada em gaiolas individuais traz muitas vantagens, sabendo-se quais os animais que podem e devem ser cruzados, sem o perigo de degeneração da raça.

Quando não houver um bom macho para cruzamento, o melhor mesmo é procurar outro criador, para conseguir sangue novo, ou fazer aquisição de novo macho que seja bom reprodutor.

A cada ano convém fazer a renovação de alguns machos, enquanto a renovação das fêmeas pode ser feita a cada 4 anos.

Muitas vezes uma fêmea torna-se estéril; isso acontece por vários motivos: engorda em demasia, doenças não percebidas pelo criador e outros fatores genéticos. Nestes casos, o melhor é eliminar a fêmea e substituí-la por outra de melhor aspecto externo, e com características para ser boa mãe, que não seja espantada, receba o macho sem brigas e outros fatores que o criador irá descobrindo no contato diário com esses animais.

Para se proceder à cobertura das coelhas, a fêmea é que deve ser introduzida na coelheira do macho. Se proceder de forma inversa, isto é, introduzir-se o macho na coelheira da fêmea, este começa cheirar e examinar todos os cantos e acaba esquecendo as funções que deveria cumprir.

Um macho poderá cobrir até 10 coelhas, mas não deverá ser forçado para não se debilitar.

Uma vez praticada a cobertura da coelha, e, desde que se tenha certeza que o ato se realizou, a coelha deve voltar ao seu alojamento. Passados 10 dias da primeira monta, pode-se fazer a confirmação, colocando o macho com a fêmea: se esta o rejeitar grunhindo e não o deixar proceder à nova cobertura, é sinal de que ela está prenhe.

Na primeira cobertura, a fêmea geralmente não aceita o macho com espontaneidade; neste caso convém deixá-los por dois ou três dias juntos, assim se vão familiarizando de tal maneira, que o ato se consumará.

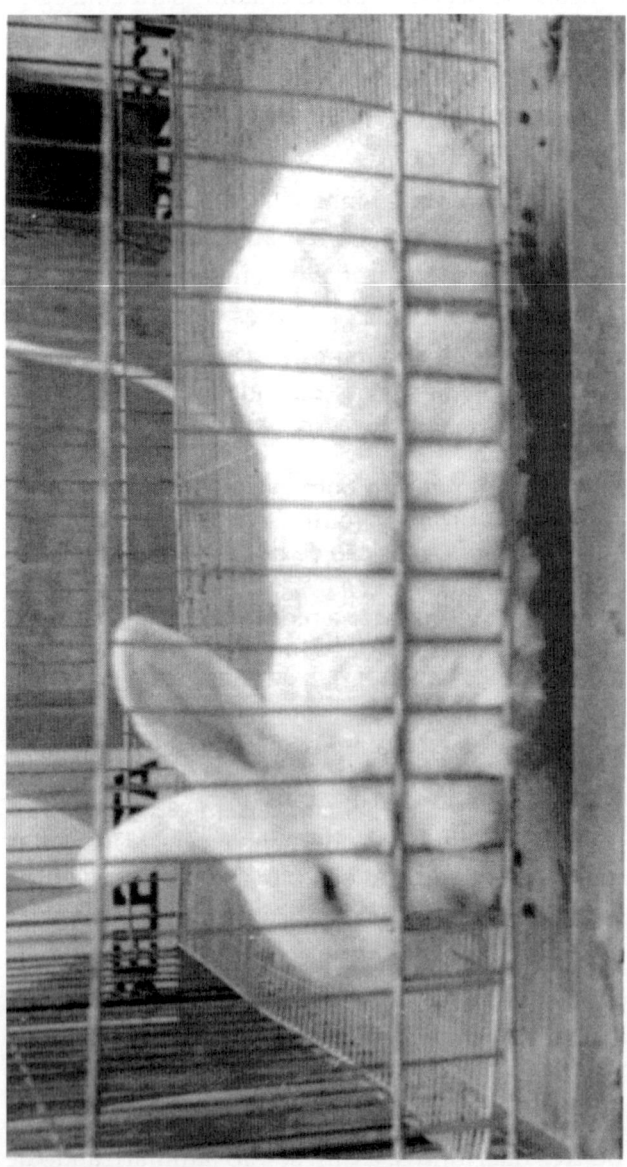

Fig. 4 – Coelho Gigante de Flandres

Outro método também empregado por criadores é segurar a fêmea, colocando uma mão embaixo do ventre e a outra no dorso, a fim de facilitar a cópula do macho. Este processo tem um inconveniente: a mão de quem está segurando pode ser mordida pelo macho, na ânsia da cópula.

Quando o macho monta a fêmea e o ato foi consumado, o coelho cai de lado e dá uns grunhidos.

Uma boa coelha, desde que seja bem alimentada, pode ter 4 a 5 partos por ano.

Fig. 5 – Coelhos Nova Zelândia vermelhos

Coelhário

Quando a criação não é propriamente industrial, mas para consumo próprio, ou mesmo para pequenas vendas, o criador poderá pensar em um coelhário, sem gastar muito dinheiro inicialmente. As instalações não precisam ser luxuosas, pois iriam encarecer muito; devem ser bem simples, a fim de oferecer aos coelhos o que eles mais precisam, isto é, ambiente com boa aeração, sem sofrerem as intempéries do tempo, como chuvas, frio, sol direto ou mesmo ventos "encanados".

O galpão poderá ser construído de blocos de cimento de 10 cm, até a altura de 1,50 m, fazendo-se pilares para sustentação do telhado, o qual poderá ser de duas ou uma só água. Se houver facilidade no local, poderá empregar-se palanques de eucalipto, que ficam mais em conta, os quais serão tratados antes de serem colocados em seus respectivos lugares.

A cobertura poderá ser feita com telhas de amianto, pois com esse tipo de material, não é preciso empregar muito madeirame, ficando o telhado bem mais leve do que com telhas de barro.

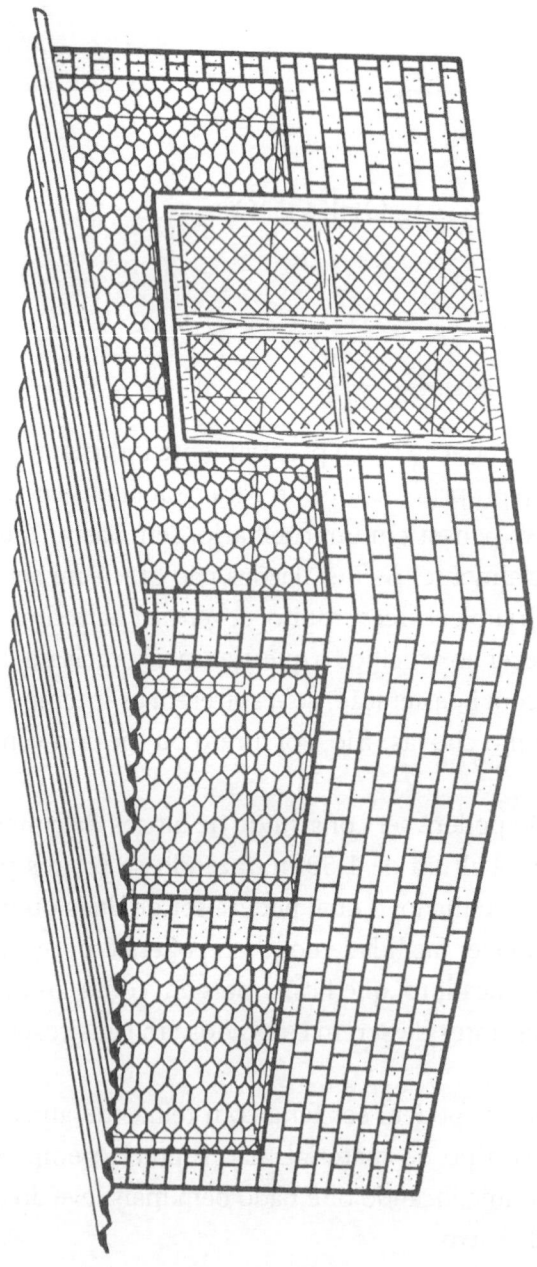

Fig. 6 – Galpão para criação caseira

As paredes ao redor, que vão até a altura de 1,50 m, e o restante poderão ser fechados com tela, a fim de que o ar penetre bem no ambiente. Faz-se uma cortina com sacos vazios na parte com maior incidência de vento e de frio, a fim de proteger melhor os coelhos.

No verão, mesmo que a telha seja de amianto, e com todas as partes abertas, o ar circulará bem dentro do galpão.

As coelheiras poderão ser simples, inicialmente, mas deverão ser feitas de tal maneira que se possa colocar o segundo andar quando a criação necessitar; neste caso, o telhado deverá ser feito de chapas galvanizadas, com 5% de caimento, a fim de que os excrementos e a urina não venham a cair sobre as coelheiras da parte inferior.

A altura do coelhário poderá ser de 2,50 m no pé mais baixo, e no caso de se usarem telhas de amianto, não é necessário haver muita queda, para escoar as águas de chuvas, bastando para isso apenas proceder a uma queda de 10%.

O modelo que damos por base serve para uma criação pequena: o galpão deverá ter 6 x 3 m, comportando inicialmente 12 gaiolas, isto é, 6 em cada lado, para abrigar raças médias; mas também poderá ser feito de tal maneira que, mais tarde, se poderá construir outro tanto, para ser colocado como se fosse o 2º andar: neste caso teríamos 24 gaiolas.

O corredor onde se vão tratar os coelhos, deverá ser cimentado, e a parte do chão que irá receber os excrementos e a urina poderá ser de terra ou cimentada, devendo ser lavada e desinfetada praticamente todos os dias, a fim de que o ambiente se torne o mais agradável possível, evitando-se cheiro forte.

Também deverá construir-se uma porta de tela, a qual deverá permanecer sempre fechada, evitando-se deste modo

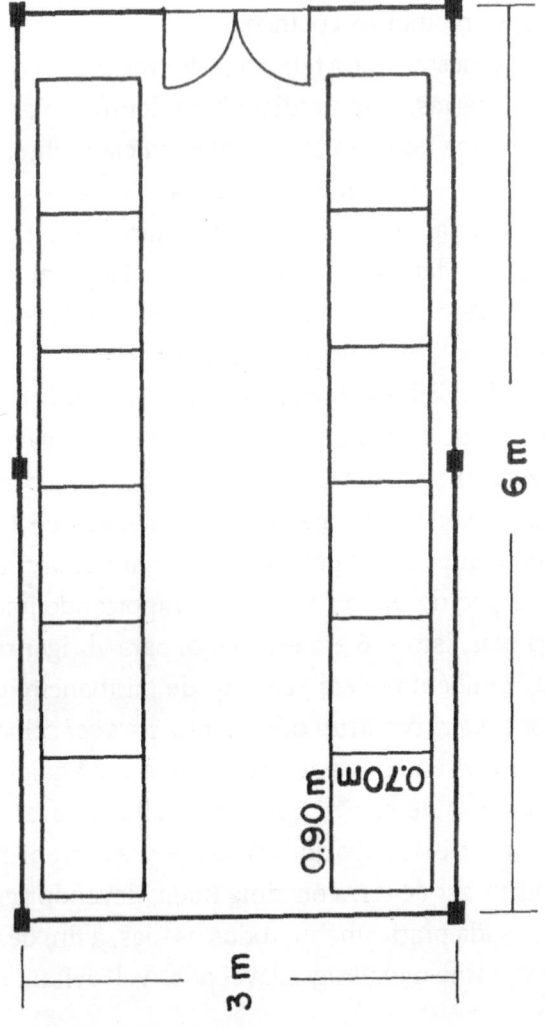

Fig. 7 – Planta do galpão para distribuição das gaiolas

Fig. 8 – Reprodutor branco Nova Zelândia

a entrada de cachorros, gatos e outros animais; com isso evita-se que os coelhos se assustem.

    Dentro do galpão, deverá haver água encanada, a fim de facilitar o manejo com os coelhos tanto no que se refere à água para beber, como para lavagem do chão. Num ponto do fundo do corredor, um lugar deve ser reservado para a colocação da ração, bem como do verde, que deve ser distribuído nas horas certas para os coelhos; tudo isso deve estar na mais perfeita ordem e limpeza.

Coelheiras

As coelheiras são fáceis de serem construídas; qualquer pessoa, com o mínimo de habilidade manual, poderá fazê-las com extrema facilidade. Existem certas regras que deverão ser obedecidas, a fim de proporcionar ao coelho conforto, e ao mesmo tempo manter a higiene dentro das coelheiras.

Para cada tipo de raça que se deseja criar, as coelheiras deverão ter espaço de acordo com seu tamanho. Assim, para as raças pequenas as medidas da coelheira deverão ser: 70 cm de frente, 60 cm de fundo e 50 cm de altura; para raças médias 90 cm de frente, 70 cm de fundo e 50 cm de altura; para raças gigantes 1,10 m de frente, 80 cm de fundo e 80 cm de altura.

As gaiolas, para melhor manejo, devem ser feitas sempre em duplas, a fim de ser colocada uma manjedoura no meio que servirá para os dois alojamentos.

Quando as gaiolas são colocadas em galpões, o telhado poderá ser de madeira, tela ou qualquer outro material semelhante. Porém quando colocadas ao ar livre, será de bom alvitre que se faça uma cobertura de madeira e depois se coloquem telhas do tipo francês, a fim de manter a temperatura dentro da coelheira mais fresca por ocasião da canícula.

Fig. 9 - Coelheira caseira, com a parte de tela voltada para o nascente. Notar a manjedoura e a água com chupeta.

As portas deverão ser sempre na parte da frente, colocadas no meio, e com boa largura, pois será por elas que se vai fazer o tratamento, a limpeza e a introdução dos coelhos.

O melhor chão será o de ripado, pois com isso as gaiolas ficam permanentemente limpas, isentas de excrementos bem como da umidade de urina e restos de ração.

Nas portas, uma tramela de fácil manejo deve ser colocada: um pedaço de madeira, furado bem no centro, com um preguinho do lado contrário, para não se abrir a porta com facilidade.

O bebedouro deverá ser preso por meio de um gancho, de modo que seja fácil a sua remoção, por ocasião da lavagem e troca de água. Com o bebedouro solto, muitas vezes os coelhos chegam a saltar dentro da gaiola, e a acabam derrubando. Com os comedouros também se deve proceder da mesma forma: deverão ficar presos, evitando-se, deste modo, o desperdício de rações. Um sistema que está muito em voga são as mamadeiras para os coelhos, que são bicos de alumínio ou mesmo de vidro, adaptados em garrafas, fixadas na parte externa.

Fig. 10 – Coelheira caseira para ficar ao ar livre. Manjedoura ao lado da porta. A parte da claridade deve ser fechada com tela de viveiro de pássaros, evitando-se a entrada de ratos.

Como construir a coelheira

Aqueles que desejam iniciar uma criação de coelhos para consumo ou venda de reprodutores, poderão construir suas próprias coelheiras; o material a ser empregado será a madeira. Qualquer pedaço de sobras de madeira servirá para a construção das coelheiras.

O primeiro passo a ser dado será o quadro do piso, o qual poderá ser feito de caibro, a fim de oferecer durabilidade, em virtude do escoamento da urina. Também pode ser feito com sarrafos de pinho ou de outra madeira bruta com 5 ou 10 cm de largura. De acordo com a raça que se deseja criar, deverá ter as dimensões necessárias, mas vamos tomar por base uma criação de raça média, pois a nosso ver é a mais interessante, em virtude de atingir o peso máximo em menor tempo, desde que os animais sejam alimentados racionalmente.

O quadro deverá ter 1,80 m de frente, por 70 cm de fundo e, quando dividido ao meio, cada compartimento terá 90 cm de frente por 70 cm de fundo. Sobre o quadro, pregam-se ripas com a largura de 2,5 cm para raça média e para raça grande 5 cm, com intervalo de 1,2 cm. O cantos das ripas deverão ser desbastados com plaina, para não

Fig. 11 – Coelheira caseira para ficar ao ar livre. A cobertura é de telha francesa, com forro de madeira. Notar na parte superior a cortina para abrigar dos ventos e das chuvas.

ficarem vivos e ferirem as patas dos coelhos. Feito o estrado, pregam-se dois sarrafos na parte traseira com altura de 50 cm, e na parte da frente com 55 cm de altura, a fim de dar o caimento para quando forem colocadas ao ar livre. Na parte superior, pregam-se outros sarrafos para travar a casinha. A parte do fundo, bem como as laterais, devem ser fechadas com tábuas, que poderão ser de lambril, com encaixe macho e fêmea, ou na falta destas poderão ser lisas. Quando as coelheiras são colocadas ao ar livre, as manjedouras devem ser feitas para serem colocadas na parte da frente, ao lado da portinhola. Se as coelheiras forem colocadas em galpões, as manjedouras poderão ser feitas no meio, servindo para as duas casinhas, e, na parte superior, não será necessário deixar os 5 cm de caimento, pois aquela parte será revestida com tela de arame, de 2 ou 3 polegadas, deixando apenas a abertura da manjedoura.

Quando as coelheiras forem colocadas ao ar livre, a parte do telhado deverá ser revestida com madeira, e depois se deverão colocar as telhas francesas, pois aquele espaço que fica entre a madeira e as telhas servirá para ventilação, assim os coelhos não sofrerão calor. As coelheiras que ficarem ao relento nunca poderão ser cobertas de zinco, pois isso seria muito prejudicial aos coelhos. Mesmo quando se usa telha de amianto para cobertura, deve-se fazer antes um forro de madeira, para boa aeração.

As portinholas poderão ser feitas com ripas de peroba, isto é, dois pedaços em sentido horizontal e mais cinco no sentido vertical, colocando-se duas dobradiças, a fim de facilitar o manejo com os coelhos. As portinholas também podem ser feitas com tela de arame, para dar mais claridade, bem como entrada de ar.

Quando as coelheiras forem colocadas ao ar livre, uma das laterais poderá ser revestida com tela (tipo xadrez resistente), fazendo-se uma cortina com saco de aniagem ou mesmo de plástico, para ser arriada durante as noites frias ou chuvosas.

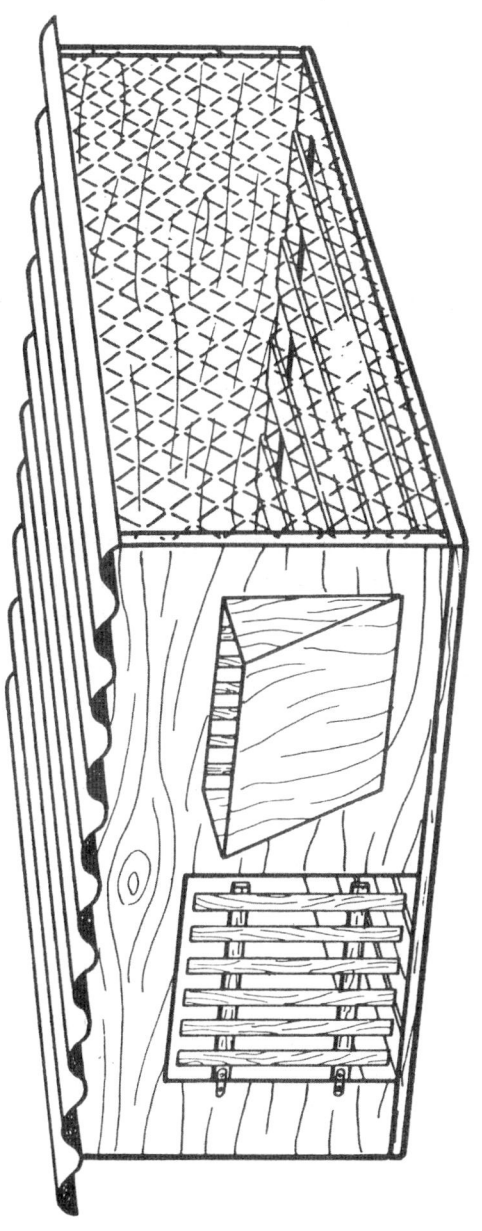

Fig. 12 – Coelheira para ficar ao ar livre

Não será preciso cimentar o chão das coelheiras que ficam ao ar livre; deixando-o com terra natural será melhor, pois os excrementos caídos e misturados com a urina irão decompor-se mais facilmente. A limpeza poderá ser feita a cada mês, colocando-se o material numa esterqueira, a fim de ser aproveitado na horta, no pomar e no jardim.

Falamos de coelheiras feitas de madeira, mas também poderão ser construídas de alvenaria, bem como de concreto, através de moldes de madeira. Mas os estrados sempre deverão ser de madeira, com ripas, para maior higiene das casinhas. Os telhados serão feitos de cobertura de telhas.

No mercado especializado existem coelheiras de arame galvanizado, para serem colocadas em galpões, penduradas ou sobre cavaletes, mas seu preço não é muito vantajoso.

Dentro das coelheiras deve-se evitar os cantos vivos da madeira, pois os coelhos costumam roer tudo que é saliente, desde que seja fácil pegar com os dentes. Convém que os cantos vivos que ficam na parte interna da coelheira sejam feitos com peroba, pois a madeira, além de dura, tem gosto amargo, e os coelhos não a apreciam.

Uma vez prontas as coelheiras, convém pintá-las internamente com cal, mantendo assim a sua desinfecção contra germes e outros parasitas. A pintura com cal deve ser feita periodicamente.

Fig. 13 – Coelho Califórnia

Coelheiras de dois andares

Um amador que vai criar coelhos como distração e ao mesmo tempo pretende auferir alguma renda extra, se escolher as coelheiras de dois andares terá mais trabalho para o seu manejo, além do que são mais difíceis de serem construídas.

O material mais importante que se deve empregar para uma coelheira de dois andares é a chapa recolhedora dos excrementos e da urina do pavimento superior. A chapa precisa estar isenta de qualquer furo, a fim de não prejudicar os coelhos que estão na parte de baixo. Todos os dias é preciso limpar a chapa, porque os excrementos acabam grudando na mesma, juntamente com a urina, apesar da caída que se costuma dar.

As coelheiras de um único andar são mais fáceis de lidar, desde que se disponha de um pedaço de terreno reservado para tal fim.

As coelheiras que ficam ao ar livre não dão muito trabalho, pois os excrementos podem ficar amontoados embaixo das casinhas, e mesmo que fossem recolhidos periodicamente, o trabalho seria insignificante. Nas coelheiras ao ar livre, os coelhos podem tomar sol — porém só aquele da manhã — desde que tenham onde se abrigar quando não desejam o sol; esse sistema não é prejudicial à vida do animal. As coelheiras podem ser colocadas entre árvores, porém devem ter boa circulação de ar. Um lugar interessante para as coelheiras é um muro, mas é preciso observar se a frente está voltada para o nascente.

Nas coelheiras ao ar livre o único inconveniente é o manejo nos dias de chuva.

Coelheiras rústicas

No capítulo referente à construção de coelheiras, falamos do emprego da madeira. Além desse material pode-se também empregar o bambu lascado para os pisos e, desde que se obedeça aquele espaçamento no chão de 1,2 cm, ficará muito bom e ao mesmo tempo econômico. As laterais também podem ser fechadas com ripas espaçadas, principalmente para a colocação de coelhos jovens, isto é, com 2 a 5 meses, quando então se fará a seleção. A seleção consiste em separar os exemplares que servirão para reprodução daqueles que serão destinados ao corte e que deverão receber alimentação para engorda.

As coelheiras destinadas aos filhotes que foram desmamados deverão ser maiores do que as usuais, colocando-se 10 exemplares em cada uma. Quando se procede ao desmame dos coelhinhos, convém separá-los por sexo em lotes de 5 a 10, o que não será difícil para quem se habitua na lida diária com os coelhos.

É simples identificar o macho e a fêmea, bastando virar o animal de barriga para cima e, com dois dedos (polegar e indicador) abrir a parte genital e dar um pequeno aperto: se sair para fora o pênis, uma saliência de alguns milímetros, então é macho; caso haja uma fenda longitudinal, abaixo do ânus, é fêmea.

A maturação sexual do coelho se inicia muito cedo, pois com três meses e meio já começa a iniciar a cópula,

Fig. 14 – Coelheira rústica abrigada em galpão

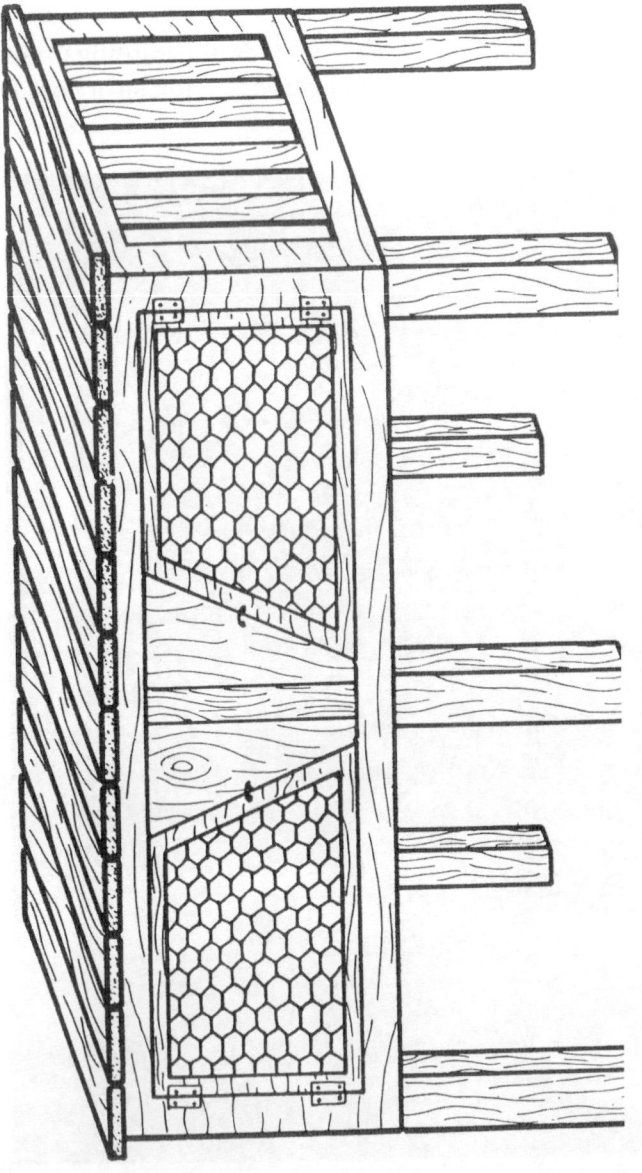

Fig. 15 - Coelheira para ficar em abrigo

mas é contraproducente proceder a reprodução com essa idade.

Numa criação caseira, os alimentos poderão constituir-se de ração pela manhã e durante o dia, pão (duro), milho verde. No capítulo em que trataremos da alimentação, vamos discriminar, com clareza, os sistemas que devem ser usados por representarem maior vantagem.

Nas coelheiras que ficam ao relento, os coelhos suportam muito bem o nosso frio, que não chega a ser tão intenso como nos países europeus. Mas a fim de se tomar precaução contra os poucos meses em que o inverno é mais rigoroso, convém que se dê uma proteção aos coelhos, com uma cortina que se faz com sacos vazios ou mesmo pedaços de lonita.

Para se ter uma idéia exata de como é uma criação de coelhos, bem como dos cuidados que se deve ter com a construção das coelheiras, nada mais interessante do que começar com um casal ou mesmo um terno, isto é, duas fêmeas e um macho, pois vai-se assim se adquirindo a prática necessária para lidar com esses animais, que muito nos poderão propiciar em troca daquilo que lhe damos, como boas casinhas, muita higiene, água fresca à vontade e boa alimentação.

Criação improvisada

Certa ocasião, no início de nossa criação doméstica de coelhos, por três vezes colocamos o coelho com a coelha a fim de se efetivar o cruzamento. O coelho fazia a cobertura, assim parecia, mas a coelha não engravidava. Depois da segunda tentativa sem resultados, resolvemos ir à casa de um vizinho que também criava coelhos.

Perguntamos-lhe se a coelha já havia dado cria, no que respondeu que sim, mas que haviam morrido todos nas três vezes, e as crias eram de 10 láparos. Verificando onde os coelhos se alojavam, dava pena de ver aqueles bichinhos tão meigos juntamente com galinhas, marrecos, patos, porcos e gatos. Quando a ração era distribuída, cada qual deveria suprir suas necessidades com aquilo que era dado.

Um casal de coelhos estava numa "casinha", se é assim que podia ser chamada: o chão era um estrado de cama velha, por cima algumas tábuas com vão bem largos, o coelho precisava fazer ginástica quando queria andar sobre elas. Não havia água, nem ração e muito menos manjedoura.

Levamos a coelha até lá, mas não tivemos coragem para deixar cruzar com aqueles machos, feios e sujos, pois poderia até pegar doença e contaminar os que estavam em nossa chácara, muito bem alojados e sadios.

É por isso que muitas vezes aqueles que desejam criar coelhos sem seguir os mínimos preceitos de higiene, dão com "os burros na água" e depois dizem que é difícil, e que não dá lucros.

Em primeiro lugar, devemos dizer que, para se evitarem doenças dos coelhos, o primordial é limpeza e muita higiene. Os abrigos devem ser feitos de acordo com as necessidades. As coelheiras, quando feitas adequadamente, nem precisam ser limpas na parte interna, pois os excrementos e a urina caem para fora, automaticamente. Nestes casos, basta uma ou duas vezes por mês proceder a uma desinfecção nas gaiolas com desinfetantes com borrifador de plástico.

Como se sabe, tão logo o coelho ocupe a coelheira, elegerá um determinado canto para fazer suas necessidades fisiológicas. Colocamos uma lata embaixo de cada casinha, uma calheta no canto onde o coelho determinou o seu "banheiro", e a urina é recolhida em lata, e jogada sobre o monte de esterco acumulado na esterqueira para curtimento, não produzindo cheiro nas coelheiras.

Fig. 16 – Fêmea Borboleta com 105 dias

Manjedoura

A manjedoura exerce papel preponderante na criação de coelhos, pois com o seu uso evitam-se muitas doenças por contaminação, principalmente com as fezes e a urina.

A manjedoura deve ser construída à parte, quando se trata de coelheira isolada; após a montagem, coloca-se no seu respectivo lugar, na frente, dividindo o espaço com a portinhola. A colocação da manjedoura também facilita a alimentação, pois não é preciso abrir a portinhola para distribuir o verde aos coelhos. No lado de dentro da manjedoura, onde os coelhos vão apanhar o verde, colocam-se varetas de arame grosso, ou até mesmo tiras de chapa, distanciadas 4 cm entre si a fim de prender as folhas e o capim; o animal vai se suprindo à medida que vai comendo. No chão da coelheira não ficam sobras, porque os pequenos pedaços caem no chão através do espaçamento dado às ripas.

Muitos criadores colocam tábuas interiças no chão, e ali costumam depositar o verde, espalhando-o por todos os cantos, de modo que os coelhos pisam sobre os mesmos, como também fazem suas necessidades, e, no fim da tarde, o local torna-se uma imundície.

A manjedoura, pelo lado externo, deve ser fechada com tábuas. Na parte superior, deve haver uma abertura com uma portinhola, a fim de evitar a entrada de ratos e até mesmo a contaminação dos alimentos.

Os restos do verde que não foram consumidos no dia anterior deverão ser retirados, porque correm o risco de fermentar, podendo provocar diarréias.

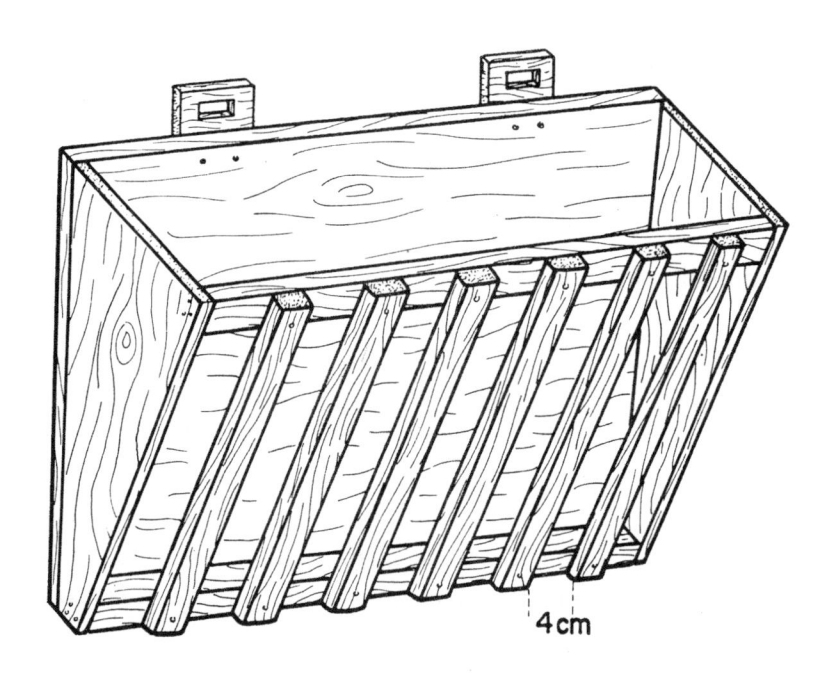

Fig. 17 – Manjedoura

Proteção aos coelhos

Quando as coelheiras são colocadas dentro de abrigos, ou mesmo ao ar livre, devem ser protegidas, principalmente contra ratazanas, gatos, cachorros, cobras e outros animais. Os ratos são os que trazem maiores malefícios a uma criação de coelhos, não só pelos alimentos consumidos, mas também principalmente pela matança que poderão fazer nos láparos ainda novos, ou pela transmissão de doenças contagiosas.

Os coelhos devem ficar abrigados num ponto que se escolheu para tal fim, sem serem molestados por gatos ou cachorros, porque uma fêmea prenhe poderá abortar com um susto.

Existe um meio para se adaptarem as coelheiras, evitando-se a subida de ratos: colocam-se manilhas de barro, as quais serão preenchidas com cimento e um ferro no meio delas, para receber a coelheira e ficar presa, sem o inconveniente de escorregar.

Quando os coelhos estão abrigados num galpão, convém que todas as partes sejam fechadas com tela, havendo uma porta de entrada para a alimentação dos coelhos, bem como para a limpeza. Na parte sul do galpão, pode-se fazer uma cortina de plástico ou mesmo de sacos, a fim de ser fechada por ocasião do inverno ou mesmo quando há muito vento, abrigando os coelhos de correntes de ar.

Na porta de entrada, deve-se colocar uma bandeja no chão com cal hidratada, a fim de que os pés das pessoas que adentram o galpão sejam desinfetados. Toda e qualquer medida de precaução contra a introdução de qualquer tipo de doenças sempre será de bom alvitre, evitando-se deste modo futuras dores de cabeças.

Ninho na coelheira

Deve-se colocar o ninho na coelheira entre três e cinco dias antes de a coelha dar cria; poderá ser aberto ou fechado. Poderá, também, colocar-se na parte externa, tendo uma abertura para a entrada da coelha. Só poderá colocar-se o ninho externo se as coelheiras forem dispostas de maneira a permiti-lo. O ninho interno nunca deverá ser colocado no lugar que a coelha elegeu para seu "banheiro", porque irá sujá-lo, não o respeitando.

Por isso, a prática recomenda que se escolha um canto mais escuro para a colocação do ninho. Dois a cinco dias antes da cria, a coelha começa a arrancar os pêlos do peito e do ventre, principalmente aqueles que cobrem suas mamas, a fim que os láparos fiquem sempre bem protegidos do frio. Há coelhas que só se preocupam com a feitura do ninho depois de nascidos os filhotes.

O ninho mais prático é feito com uma caixa dentro da coelheira, com as seguintes dimensões para as raças de porte médio: 50 cm de comprimento, 35 cm a 40 cm de largura, por 20 cm de altura. Com essas medidas, os coelhinhos não sairão facilmente do ninho nos primeiros dias, a não ser que se agarrem nas mamas da coelha quando esta sair.

O ninho também pode ser feito com tampa, conforme fig. 19; assim os filhotes ficam mais protegidos, principalmente quando a coelha leva um susto e salta sobre eles, muitas vezes provocando conseqüências desastrosas.

O ninho deve ser forrado com uma boa camada de capim seco, bem macio (não serve barba de bode entre outros), para depois a coelha completá-lo com seus próprios pêlos. Outro material bom para forrar o ninho é aquela palha macia de madeira que costuma ser usada para acondicionar frutas.

Os ninhos, uma vez usados, devem ser lavados, desinfetados, secados e guardados para novas crias.

Fig. 18 – Fêmea Gigante de Flandres cruzada com Nova Zelândia, no 26º dia de gestação.

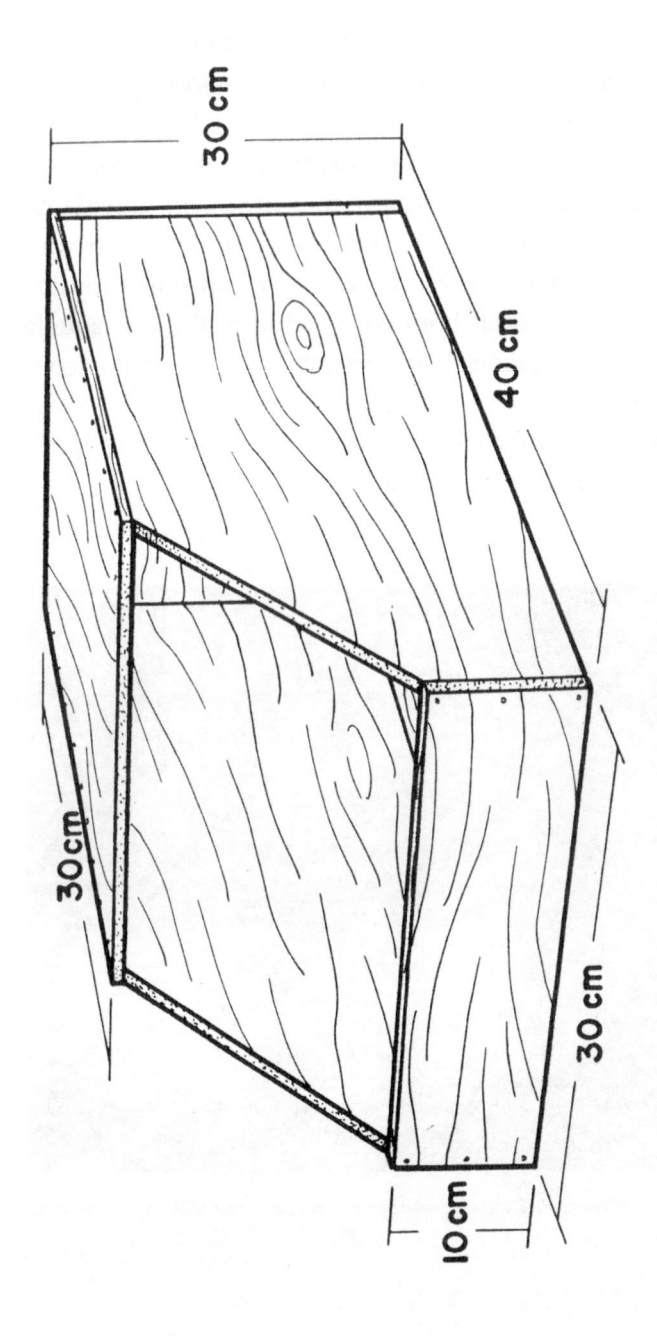

Fig. 19 – Ninho com tampa

Fig. 20 – Lote de coelhos jovens

Desmama dos coelhinhos

Os láparos nascem com os olhos fechados e sem pêlos; estes começam a aparecer no quarto dia, enquanto os olhos se abrem quando estão com 11 dias. Se depois do 13º dia algum láparo permanecer com os olhos fechados, deve-se fazer uma lavagem com água morna, colocando um chumaço de algodão preso a um bastãozinho, tirando a ramela dos olhos. Até os 20 dias eles se alimentam só do leite materno; daí para frente, já acompanham a mãe e iniciam sua alimentação, procurando comer uma folha verde e até ração.

Quando os coelhinhos atingirem a faixa entre 40 e 45 dias serão transferidos para outra casinha, mas isso deve ser feito com os exemplares mais desenvolvidos, deixando os mais fracos ainda com a mãe, até que se complete a retirada de todos.

Depois de 10 dias que a coelha for separada dos filhotes e se apresentar com bom aspecto e vivacidade, poderá ser coberta novamente.

Os coelhinhos, ao atingirem 3 meses, deverão ser separados por sexo, pois do contrário poderia haver complicações, porque é nesta idade que se iniciam suas atividades sexuais.

Nesta separação pode-se ainda fazer uma análise dos exemplares que poderão servir como reprodutores, isto é, aqueles que estiverem em perfeitas condições físicas, no aspecto geral, tanto em seu peso, como em sua conformação fisiológica. Aqueles que se destinam ao corte ou à venda serão colocados em gaiolas separadas, em lotes de 10 exemplares, onde receberão uma alimentação com mais proteínas, a fim de engordarem o mais depressa possível.

Desinfecção das coelheiras

O melhor combate às doenças dos coelhos, para quem deseja criar com sucesso, não resta a menor dúvida, é a higiene nas coelheiras. Desde que as coelheiras sejam feitas com ripas na parte do chão, os excrementos, bem como a urina, nunca se acumularão, evitando-se a proliferação dos germes contaminadores expelidos pelas fezes.

Uma vez a cada 15 ou 30 dias pelo menos, deve-se proceder à desinfecção das coelheiras, usando-se para isso um esborrifador de plástico com capacidade de um litro, o que resolve muito bem o problema. Como desinfetante pode-se usar creolina, ácido fênico, lisofórmio ou qualquer outro similar.

O lisofórmio é um poderoso desinfetante, o qual pode ser usado para esborrifar as coelheiras, mas para isso é preciso tirar o animal por algumas horas até que o cheiro fique menos acentuado. O lisofórmio bruto ataca bactérias, bacilos, esporos, vírus, além de fungos e parasitos, mesmo em presença de substâncias orgânicas e em decomposição.

Outra medida que também dá bons resultados seria o lança-chamas, pois com o fogo todos os germes, parasitos ou micróbios seriam eliminados. Mas para quem possui uma pequena criação de coelhos, não vale a pena comprar um aparelho tão caro e grande para essa finalidade, que pode ser substituído por outro processo caseiro bem mais barato.

Num pedaço de pau, enrola-se um pouco de pano, algodão ou estopa e despeja-se álcool; com a mecha acesa, fazem-se movimentos do fogo em todas as partes internas da coelheira, até por baixo do estrado. Com a queima do álcool, a madeira não fica preta nem queimada desde que o processo seja feito rapidamente.

Para se proceder à desinfeção das coelheiras, é necessário que o coelho seja colocado em outra casinha; após umas duas horas, recolocar novamente naquela que foi desinfetada; assim diminuirá a ação do cheiro.

Fig. 21 – Coelho macho cinza-escuro com 106 dias

Alimentos para coelhos

Na criação de coelhos, seja ela para exploração comercial ou mesmo a do tipo caseira em que se queira obter exemplares para carne, pele, pêlo ou venda de reprodutores, o fator mais importante é, sem dúvida, a alimentação. O coelho que tiver uma alimentação sadia, com todos os nutrientes de que necessita, está isento de muitas doenças, pois este fator é importantíssimo na criação. É lógico e natural que, além da boa alimentação, é preciso manter os coelhos higienicamente, em lugares onde não recebam ventos encanados, sol direto, chuva e umidade.

A distribuição da ração, isto é, tanto de verde, como de grãos, também é importante e deve ser feita em horas certas, a fim de que os animais não fiquem o dia todo com seus estômagos digerindo alimentos.

Por exemplo, quando é feita a distribuição da ração em grãos, ela deve ser consumida toda, deixar sobras; isso é sinal que o coelho está bem sadio, e após a refeição fica satisfeito.

Pela manhã, distribui-se a ração em grãos; ao meio-dia, ração verde, que podem ser folhas de repolho, folhas de couve-flor, couves, almeirão, ramagem de cenoura, capim de várias espécies, folhas de batata-doce e muitas outras verduras. O coelho é grande apreciador de picão bem como de folhas de caruru, como ainda de folhas de chuchu, amoreira e muitas outras.

Não devem dar-se aos coelhos, por exemplo, folhas de batatinha, chicória, tomate, berinjela, cebola e alho.

O coelho é um animal de hábitos noturnos, por isso a refeição da tarde deve ser reforçada.

Para quem possui um pequeno coelhário, a ração deve ser adquirida pronta, e não fabricada em casa, porque isto seria muito trabalhoso e não compensaria de forma alguma. Precisaria comprar todos os ingredientes, balancear cada um deles, triturar e depois proceder à mistura. Esta parte está completamente fora de cogitação dentro deste trabalho; só é interessante para grandes criações comerciais.

Fig. 22 – Lote de coelhos jovens com 21 dias

A ração em grãos, sendo de boa procedência, já está equilibrada para o fim a que se destina, isto é, contém todos os nutrientes necessários para o bom desenvolvimento do coelho. As rações fabricadas para coelhos geralmente são compostas dos seguintes ingredientes: fubá, sorgo moído, farinha de trigo, farinha de marisco, farelo de trigo, farelo de soja, farelo de girassol, refinazil, protenose, cabornato de sódio, fosfato bicálcico, farinha de osso, sal, suplemento vitamínico, mineral e calcário moído.

Além da alimentação bem distribuída durante o dia, o que nunca pode faltar aos coelhos é água fresca, a qual pode ser distribuída em bebedouros de barro vidrado, ou por meio de chupeta presa a uma garrafa, que fica na parte externa da coelheira, o que também aumenta o espaço dentro da gaiola para a movimentação dos animais.

O comedouro precisa ficar fixo dentro da coelheira, pois a tendência dos coelhos, quando estão satisfeitos, é roê-lo (se for de madeira), ou mesmo derrubá-lo.

O coelho, também, não pode receber excesso de alimentos, principalmente os reprodutores, porque, desta maneira, geralmente as fêmeas acabam não emprenhando, devido à grande quantidade de gordura.

Só mesmo quando um lote de coelhos é destinado à venda para carne deve receber alimentação reforçada, a fim de aumentar de peso em curto espaço de tempo, pois assim renderão melhor na venda.

A distribuição de milho (em forma de quirera), bem como pão duro, faz com que os coelhos em crescimento aumentem rapidamente de peso.

Os coelhos devem ser bem alimentados, pois estão dentro de uma coelheira e não existem meios de se suprirem de alimentos que necessitam, como os animais selvagens que vivem em liberdade. Por isso é preciso que recebam todos os nutrientes necessários para seu desenvolvimento, bem como as proteínas, principalmente as fêmeas, após a cobertura.

Durante a gravidez, mais do que nunca, a coelha precisa ser bem alimentada (sem excesso), porque está gerando filhotes, os quais também precisam receber nutrientes necessários a fim de nascerem fortes e com o peso equivalente a sua raça. Filhos de mães fracas, conseqüentemente, também nascem com deficiência e acabam morrendo. Isso acarreta a perda de tempo, trabalho e os animais ficam sujeitos a várias doenças, perecendo por deficiência alimentar. Mesmo após o parto, a fêmea precisa receber alimentação sadia e rica em nutrientes, pois vai desempenhar papel tão importante como quando estava grávida, pois esse período é do aleitamento dos láparos na fase inicial de sua vidas.

Os láparos, quando se alimentam satisfatoriamente, não ficam grunhindo com fome e seu desenvolvimento é rápido, principalmente nos primeiros 20 dias de vida.

Se o criador de coelhos não seguir à risca estas regras, o conselho que damos é não tentar sua criação, porque será impossível o sucesso.

Como segurar o coelho

Muitos pensam que a maneira correta de segurar um coelho é pelas orelhas, possuindo-as por isso bem grandes. Mas este sistema é completamente errado, pois assim o coelho sofre muito.

Uma maneira correta de segurar o coelho é pela pele do dorso, sem deixar a mão escorregar para não puxar os pêlos. Também pode ser seguro com uma mão embaixo do ventre e a outra por cima, maneira mais carinhosa de transportá-lo de uma gaiola para outra, principalmente quando se faz a desinfeção das coelheiras. Este sistema também é empregado para as coelhas quando estão em gestação, evitando-se assim o aborto.

Fig. 23 – Coelhos Nova Zelândia Negro de raça média

Inimigos do coelho

As coelheiras, os parques e mesmo os galpões devem ser muito bem vigiados, e acima de tudo bem construídos, não precisando ser luxuosos, desde que ofereçam segurança aos coelhos, principalmente no período noturno.

Os coelhos têm muitos inimigos, e para esses o criador deve estar sempre atento.

O pior deles, a nosso ver, são os ratos, que procuram alimentos nos comedouros onde acabam defecando e urinando; com isso podem transmitir doenças aos coelhos. Os cachorros também incomodam muito os coelhos, e não raro podem até matá-los, desde que se ofereça oportunidade. Os gatos também são prejudiciais aos coelhos.

Numa cria, muitas vezes os destruidores dos láparos são os ratos, e as coelhas é que acabam levando a culpa.

Por isso, o criador de coelhos deve estar sempre atento para qualquer anormalidade que surja dentro do galpão ou mesmo com as coelheiras, as quais devem ser revisadas periodicamente, e fazer com que as tramelas sempre funcionem bem, não deixando portas abertas, para evitar surpresas desagradáveis.

Cuidados com os láparos

Já falamos que a gestação da coelha é de 30 ou 31 dias. Por isso, é muito importante fazer as anotações do dia em que a fêmea foi coberta para saber de antemão o dia em que dará cria.

Dias antes, no mínimo de 3 a 5, o ninho deve ser colocado na coelheira, ou antes, se a coelha der indícios de fazer ninho. Deverá estar forrado com capim bem fino e macio, (quicuio, por exemplo), num dos cantos mais escuros, evitando-se de qualquer maneira colocá-lo no lugar escolhido como banheiro. Se o ninho for colocado onde a coelha costuma urinar, ela continuará usando o mesmo canto, portanto sujando o ninho.

Geralmente o parto costuma dar-se à noite, mas também poderá ser durante o dia; a coelheira deverá estar resguardada com uma cortina, para a coelha não se assustar com pessoas ou mesmo com outros animais domésticos. O criador não deverá mexer no ninho no dia da cria, mas somente no seguinte; mesmo assim, deverá retirar a coelha, colocando-a em outra coelheira, para fazer uma verificação nos filhotes, isto é, para ver se todos estão vivos, bem como quantos foram. Se o número de láparos for muito grande, isto é, acima de 8, os mais fracos ou com defeitos físicos devem ser eliminados, ou se houver outra coelha que também tenha dado cria naqueles dias, poderá juntar o número de filhotes que achar conveniente.

O número ideal para uma coelha amamentar é entre 8 e 10, em virtude de se alimentarem bem com o número de mamas da coelha. Se houver sujeira no ninho, este deverá ser limpo e receber de volta todos os filhotes, para em seguida ser introduzida a coelha. Antes de colocar a coelha com os filhotes, convém esfregar um pouco de erva cidreira nas paredes do ninho; isso poderá evitar uma possível rejeição. Quando se proceder a essa verificação, convém que as mãos do criador estejam bem limpas, isentas de qualquer cheiro.

A verificação deve ser feita a cada dois dias, para controlar os filhotes e ver se algum deles não morreu, o que poderia trazer graves conseqüências.

Entre os 15 e 20 dias, os coelhinhos já procuram sair do ninho, a fim de acompanhar a mãe, iniciando sua vida já com exercícios fora do ninho. Quando atingirem 25 a 30 dias, o ninho pode ser retirado.

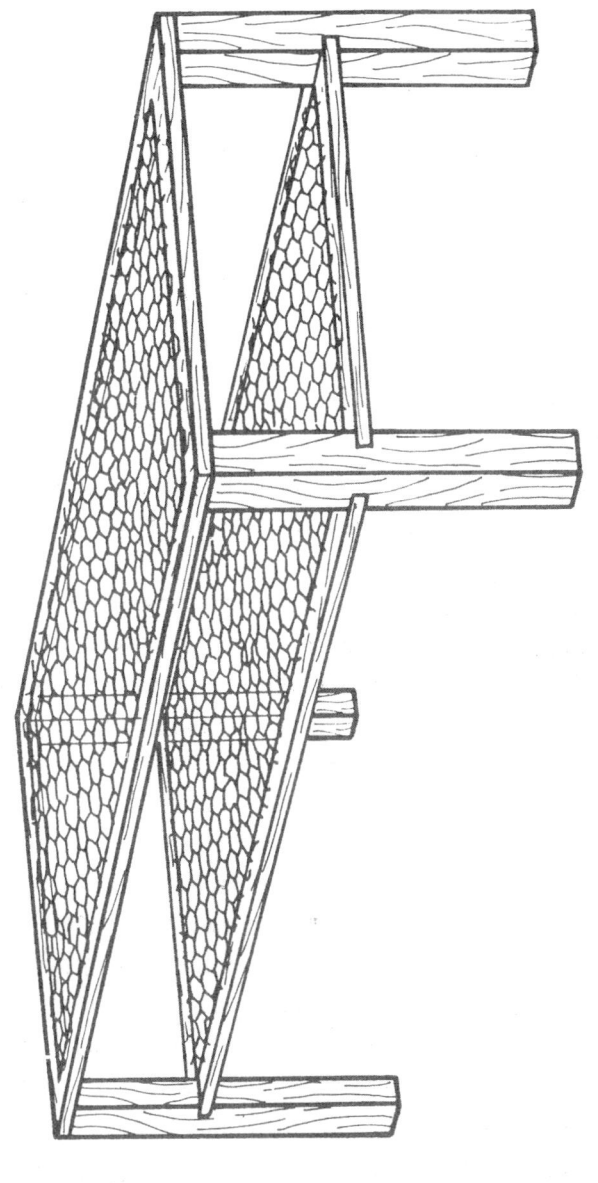

Fig. 24 – Secador de verdes

Secador de forragens verdes

O capim e outros tipos de forragens verdes que são distribuídos aos coelhos não podem permanecer molhados, de um dia para outro, pois isso provocaria fermentação, e os animais, ingerindo tais alimentos, podem ter distúrbios intestinais.

Por isso, é preciso que os elementos verdes percam a umidade de suas folhas, a fim de serem conservados e distribuídos, sem o perigo de prejudicar a vida dos coelhos.

Para o pequeno criador, muitas vezes, é bastante prático e econômico recolher nas feiras livres as folhas de repolho, de couve-flor, ramas de cenoura e muitos outros tipos de verduras que são desperdiçados.

Tais verduras não podem permanecer dentro de saco plástico, por exemplo, porque começam a fermentar com certa rapidez se não houver respiro nenhum na embalagem.

Para evitar tais problemas, pode-se construir um ripado de madeira, com quatro pés, para que o verde seja espalhado sobre o mesmo; mas isso deve ser feito à sombra, a fim de que seja eliminada a água contida nas folhas.

Desta maneira, o verde pode durar 3 a 4 dias, sem perigo de provocar qualquer distúrbio nos coelhos.

A verdura, quando apanhada na hora e estando molhada, não vai fazer mal algum ao coelho; mas o que não se deve fazer é guardá-la para ser distribuída no dia seguinte.

Possuindo-se um pedaço de terreno, o melhor mesmo é fazer uma plantação de verdes para distribuir aos animais; assim, teremos certeza de que se trata de produtos de boa origem, sem nenhum perigo de contaminação por germes, qualquer outro parasito ou ainda inseticidas ou pesticidas.

Canteiros de couves, por exemplo, costumam dar o ano todo; vão-se cortando canteiros de almeirão e o mesmo cresce novamente, e assim acontece com outras espécies hortícolas.

Bebedouro e comedouro

Existem vários tipos de comedouros e bebedouros para coelhos, mas o mais importante para o criador é procurar um tipo de comedouro para não desperdiçar ração e um bebedouro que não seja virado a todo momento.

Comedouros podem ser de barro vidrado, cimento, folha-de-flandres e de madeira; este último pode ser feito pelo criador, com dois lados de madeira e dois de sobra de

Fig. 25 – Bebedouro de barro

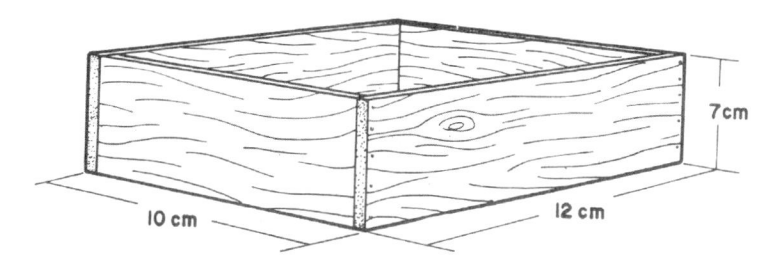

Fig. 26 – Comedouro de madeira

fórmica. Os comedouros confeccionados com madeira, nas bordas superiores, podem ser revestidos com chapinha fina de alumínio ou qualquer outro material de metal, a fim de evitar que os coelhos roam-nos e os inutilizem. Os comedouros de madeira devem ser fixados dentro da coelheira, por meio de um prego em forma de L e um gancho em uma das beiradas, para ser preso numa das ripas que formam o piso.

Se o comedouro fica solto, o coelho acaba sempre o derrubando, e com isso espalha-se toda a ração. Já quando os comedouros são de barro, com a base maior do que a boca, os coelhos não costumam derrubá-los.

No que diz respeito ao bebedouro, este também pode ser de barro vidrado, folha-de-flandres, ou garrafa com chupeta. Este último tipo é um dos mais práticos e bastante higiênico, pois só sai a água que é consumida pelo animal. A garrafa com chupeta também traz vantagem de não ocupar espaço dentro da coelheira, pois deve ser segura por meio de uma argola de arame na parte externa, fazendo-se um furo apenas para entrar o canudo da chupeta, na altura certa do tamanho do coelho.

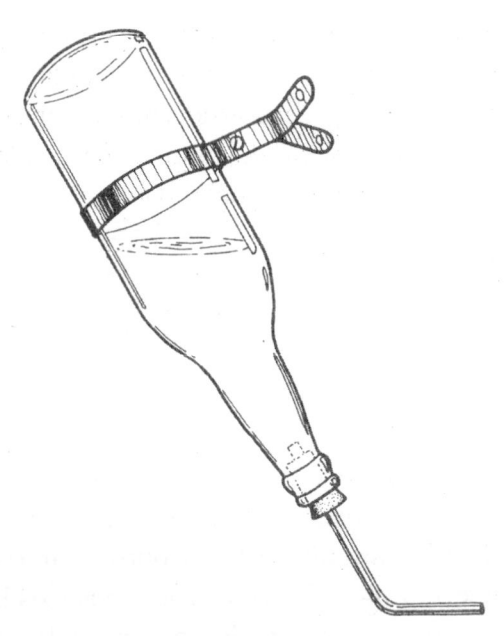

Fig. 27 – Bebedouro de chupeta

A localização da garrafa deve ser feita na gaiola, que fica ao ar livre, na parte onde o sol não possa atingi-la; assim a água permanecerá sempre fresca.

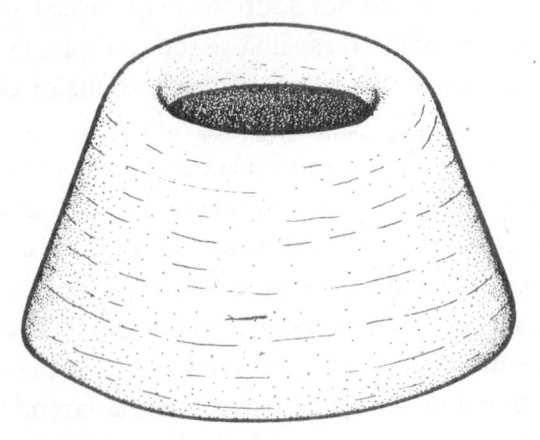

Fig. 28 – Comedouro de barro

Um tipo de bebedouro ou comedouro que os coelhos não derrubam é feito de folha-de-flandres; na parte que encosta na parede fazem-se dois furos triangulares, a fim de ser fixado com dois parafusos de fenda, sendo sua remoção muito fácil, bastando erguê-lo para sair.

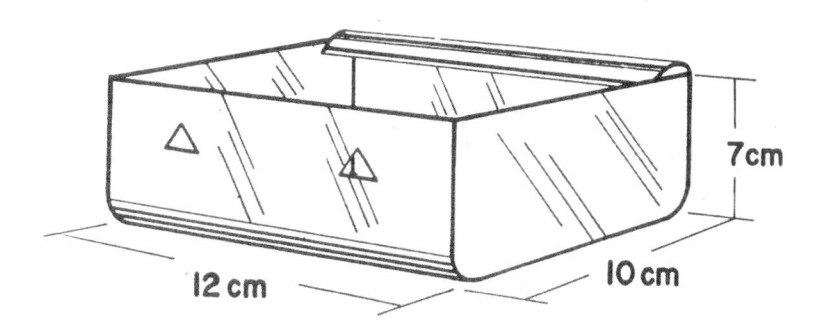

Fig. 29 – Comedouro ou bebedouro de folha-de-flandres

Medicamentos

Todo aquele que cuida de coelhos deve ter sempre à sua disposição os medicamentos mais corriqueiros, a fim de aplicá-los quando surgir qualquer enfermidade, desde que possa ser diagnosticada, não só no que diz respeito às doenças, como também aos ferimentos nas orelhas, em patas ou em qualquer outro local do corpo. Os medicamentos de que falamos são os mais simples, como iodo, Merthiolate, gaze, esparadrapo, álcool, éter, enxofre, bicarbonato de sódio, água oxigenada, azul de metileno, colírio e outros que serão indicados quando os coelhos estiverem com diarréia, sarna ou coriza, que são as doenças mais comuns.

Devem-se guardar os medicamentos num armarinho, no compartimento onde se guardam as rações, o milho e outros apetrechos com que se lida com os coelhos, a fim de estarem sempre à mão. O lugar deverá ser fresco, a fim de que os medicamentos não venham a perder seus efeitos.

Quando os coelhos, por qualquer circunstância vierem a ser ferir, a primeira providência é desinfetar o lugar, passar uma pomada ou Merthiolate e, caso seja necessário, coloca-se um esparadrapo, para evitar o contato com excrementos, afastando-se o perigo de possíveis infecções.

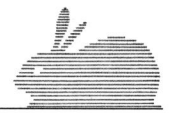

Esterco do coelho

O esterco dos coelhos é de grande valia para quem tem horta, pomar ou jardim, pois além de ser riquíssimo em azoto, contribui grandemente para maior desenvolvimento das plantas.

Para se utilizar o esterco do coelho, é necessário que o mesmo seja curtido em uma esterqueira feita para tal fim. A esterqueira não tem muitos segredos, pois basta um buraco em qualquer parte do terreno; longe da casa, porém, é preciso que seja protegida dos lados bem como na cobertura, para não tomar sol.

O esterco colocado na esterqueira se irá decompondo e, se for misturado à urina do coelho, será ainda melhor para o seu enriquecimento. Após três meses de curtição, o esterco estará pronto para ser usado, desde que seja juntado à terra nas devidas proporções, isto é, 4 kg por m^2.

O esterco de coelho já é vendido em sacos plásticos de 2 kg, completamente curtido, sem cheiro, a fim de ser utilizado em vasos, jardineiras, canteiros e com muitas outras serventias em chácaras ou mesmo jardins.

Para o criador de coelhos o esterco tem grandes vantagens, pois precisará plantar verdes para alimentar a criação, e isso irá contribuir grandemente para que as plantas cresçam com mais viço.

O esterco do coelho é rico em azoto. Eis a sua composição centesimal em relação ao esterco de outros animais domésticos:

Vaca	0,43
Cavalo	0,40
Carneiro	0,77
Porco	0,84
Coelho	1,4

Transporte do coelho

O transporte do coelho vivo deve fazer-se em gaiola apropriada, não só para longas distâncias como também para as curtas. Não se devem improvisar caixas de papelão para seu transporte, seja para a venda de um reprodutor, de coelhos jovens ou mesmo para aquisição de coelhos para renovação do plantel.

Uma caixa de madeira, de confecção bem simples, pode ser feita, com entrada de ar pelas laterais, com fundo inteiramente fechado e porta na parte superior. Esta nem precisa de dobradiças, pois bastam dois pregos que a prendam a portinhola nas laterais.

Se o transporte for feito de carro, o chão ou assento do automóvel deverá ser forrado com plástico, evitando-se desta maneira qualquer surpresa.

O tamanho da caixa deve ser de acordo com a quantidade de coelhos a serem transportados, pois não devem ficar muito aglomerados, o que lhes seria prejudicial.

Doenças

Os coelhos, de modo geral, são bem resistentes e dificilmente atacados por doenças. Todavia elas surgem muitas vezes por descuidos com alimentação, falta de proteção e de higiene. Por isso, é muito importante para quem quer ter sucesso na criação de coelhos, atentar bem para esses pormenores, de suma importância.

As gaiolas devem ser vigiadas constantemente; a alimentação deve ser fresca, sem indícios de fermentação; deve haver água fresca em vasilhame de barro vidrado, de cimento ou em garrafa com chupeta.

Quando um animal apresentar indícios de doenças, a primeira providência é separá-lo colocando-o em gaiola isolada, a fim de ser medicado, de acordo com a doença. Mesmo se for uma simples sarna, deve-se isolar o coelho, a fim de que não a passe para os demais.

Os coelhos doentes, bem como aqueles que vêm de fora, devem ficar de quarentena num abrigo distanciado a pelo menos 20 metros da criação, a fim de evitar qualquer contágio. Os coelhos doentes, depois de se apresentarem com boa saúde, podem ser incluídos na criação, o que se verifica pelo seu apetite, comportamento, olhos vivos, sem ficar encolhido em um canto o dia todo.

Os animais novos também devem ficar sob observação, para se constatar se se alimentam bem, não têm distúrbios intestinais, apresentam aspecto de vivacidade e estão sempre prontos a receber uma folha verde diferente das costumeiras, pois todos esses sintomas indicam que o coelho está com boa saúde.

Já falamos em outros capítulos, mas sempre é bom lembrar que a limpeza tem papel fundamental na vida do coelho. Desinfecção periódica das coelheiras muito contribui para preservar a saúde dos coelhos.

Como este livrinho não é um compêndio de cunicultura, não vamos tratar de todas as doenças que podem atacar os coelhos, mas sim as mais elementares, cuja cura esteja ao alcance de qualquer criador. Em casos mais graves, convém muitas vezes consultar um veterinário.

O coelho doente, só depois de tratado e em perfeitas condições, pode retornar à sua coelheira primitiva.

ABSCESSOS – Quando surgirem abscessos nos coelhos, deve-se verificar se estão maduros, a fim de expurgá-los e em seguida passar água oxigenada e líquido de Dakin, ou qualquer outro desinfetante. Nestes casos, o coelho deve permanecer em gaiola, isolado.

AFTAS – Costumam surgir na boca e língua, principalmente nos coelhos jovens. Nestes casos, elimina-se o excesso de verdes, procurando dar mais ração. Os coelhos com aftas devem ser tratados com água oxigenada, misturada com água em partes iguais, fazendo-se um chumaço de algodão para pincelar bem as partes afetadas.

CATARRO – Os coelhos podem também ser atacados de catarro, espirro ou pigarro e quando isso acontece costumam esfregar as patas dianteiras no focinho. Para tratar o mal, use 200 ml de água, pingando 10 gotas de iodo, e ministre a solução aos animais atacados.

CORIZA – A coriza pode aparecer nos coelhos, e isto é proveniente em parte pelo ambiente em que estão alojados, em parte pelas mudanças bruscas na temperatura. O coelho começa a espirrar e escorre uma secreção mucosa pelas narinas.
Uma das medidas é limpar suas narinas com vinagre e água, misturados em partes iguais, passar óleo mentolado ou vaselina misturada com pó de enxofre. Quando tratada bem no início, sua cura é fácil.

DIARRÉIA – A diarréia é, na maioria das vezes, provocada pela má alimentação, principalmente dos verdes quando fermentados ou mesmo sobras molhadas de ração. Por isso, recomenda-se dar aos coelhos os verdes isentos de água, isto é, enxutos. Quando se apanha uma quantidade maior de verdes para ser guardada, deve secá-la, assim se evitando esse mal nos coelhos. No caso de diarréia, os coelhos devem ser nutridos com alimentos secos, como ração, feno e pão seco os quais também evitam a prisão de ventre.

FERIDAS – Todo e qualquer ferimento que surgir nos animais deve ser tratado em seguida. Mesmo nas patas, muitas vezes os coelhos são atacados por feridas, devido ao piso malfeito. Nestes casos, os ferimentos devem ser desinfetados com água oxigenada e deve-se passar uma pomada cicatrizante. Os ferimentos tanto podem ser nas patas, como em qualquer parte do corpo. Muitas vezes é interessante colocar uma tábua na coelheira, para descanso do coelho, até que o ferimento cicatrize.

INSOLAÇÃO – Às vezes, pode ocorrer insolação, principalmente na época do verão. O animal chega a desmaiar e o criador deverá mudá-lo de lugar, colocando-o em ambiente mais fresco, com bom arejamento. Colocar panos molhados na cabeça do coelho também é recomendável, voltando assim ao seu estado normal. Não deve faltar água fresca em bebedouro bem limpo.

REUMATISMO – O coelho também está sujeito ao reumatismo, e o que mais contribui para o aparecimento deste mal é o ambiente em que está alojado. Para se evitar o reumatismo, deve-se dar aos coelhos ambientes sem umidade e fora dos ventos encanados; coelheiras voltadas para o sul são bastante prejudiciais para a saúde destes animais.

SARNA DAS ORELHAS – A sarna das orelhas é provocada por um tipo de ácaro, formando-se nas orelhas crostas malcheirosas, as quais devem ser retiradas passando-se vaselina com óleo, até que amoleçam. Após as crostas estarem moles, deve-se retirar por meio de um bastãozinho envolvido em algodão ou de uma espátula. Lava-se com água e sabão e, em seguida, para cicatrizar, deve ser passado querosene misturado com duas partes de óleo.

Abate do coelho

Para abater o coelho sem que o animal venha a sofrer, a melhor maneira é segurar com a mão esquerda as patas traseiras, firmemente, deixando-o de cabeça para baixo; com a mão direita, tendo um bastão, dá-se uma pancada seca na nuca, logo atrás das orelhas. A morte é instantânea.

Antes de ser abatido, o coelho deve ficar pelo menos 15 a 20 horas sem alimentos, a fim de esvaziar os intestinos. Logo após o abate, deve-se fazer uma compressão na bexiga, a fim de expelir toda urina, porque, caso se espalhe pela carne, dará mau gosto. A sangria do coelho se faz extraindo-se um dos olhos ou pela língua.

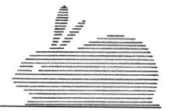

Esfola

Para tirar a pele do coelho, o melhor modo é pendurá-lo pelas patas traseiras, fazendo-se uma incisão ao redor, abaixo de cada joelho; o segundo corte deve ligar as duas incisões, passando pelo ânus.

Os cortes deverão ser feitos apenas na pele; por isso é preciso usar uma faca que corte muito bem. Em seguida, vai-se destacando a pele da carne com ambas as mãos, com auxílio de uma faquinha bem afiada, cortando-se qualquer parte que não se desprenda facilmente, mas é preciso tomar muito cuidado com a carne.

Quando se chegar ao pescoço, corta-se a pele ao redor do mesmo e destaca-se o restante, deixando apenas as orelhas e a pele da cabeça.

Se a pele manchar de sangue, lava-se imediatamente com água corrente.

Após a retirada da pele, deve-se fazer boa limpeza de toda carne que porventura tenha aderido a ela, e, no avesso, deve ser colocada em esticadores, que podem ser feitos de aço, ou de madeira.

As peles devem ser secas à sombra, em ambiente com boa ventilação; 20 dias após, podem ser recolhidas e guardadas em lugar bem seco, para depois serem curtidas

Regras gerais para o sucesso na criação de coelhos

- Iniciar a criação com reprodutores sadios, provenientes de criadores idôneos.

- As coelheiras devem ter espaço compatível com a raça que se deseja criar.

- A manutenção da higiene rigorosa é fator importante para o sucesso.

- Alimentação de boa qualidade evita doenças e proporciona maiores vantagens.

- Qualquer que seja a doença que o coelho venha a adquirir, a primeira providência é isolá-lo.

- Ambiente bem arejado, sem correntes de vento e chuvas.

- Evitar que os coelhos apanhem sol direto. Para o coelho, o sol é mais prejudicial do que o frio.

- Manjedouras nas coelheiras evitam o contato das fezes e da urina com a alimentação.

- Deve haver água fresca à vontade, em bebedouros higiênicos.

- Nos galpões, as coelheiras devem ser protegidas, evitando-se a entrada de animais domésticos como cães, gatos e outros.

- Evitar cruzamentos com parentes próximos.

- Desinfecção periódica nas coelheiras evita o aparecimento de doenças.

Do mesmo autor:

Codorna – criação – instalação – manejo
Como cuidar do seu papagaio
Criação de galinha d'angola
Criação de pintos
Criação doméstica de patos, marrecos e perus
Criação racional de rãs
Pantanal – a pesca esportiva
Pequenas construções rurais
Pesca esportiva marítima
Pomar e horta caseiros